FORSCHUNGSBERICHTE DES LANDES NORDRHEIN-WESTFALEN

Nr. 1163

Herausgegeben

im Auftrage des Ministerpräsidenten Dr. Franz Meyers

von Staatssekretär Professor Dr. h. c. Dr. E. h. Leo Brandt

DK 621.315.5

Prof. Dr. phil. Heinz Bittel

Institut für angewandte Physik der Universität Münster

Untersuchungen über das Rauschen strombelasteter Leiter

WESTDEUTSCHER VERLAG · KÖLN UND OPLADEN 1963

ISBN 978-3-322-98323-7   ISBN 978-3-322-99044-0 (eBook)
DOI 10.1007/978-3-322-99044-0

Verlags-Nr. 011163

© 1963 by Westdeutscher Verlag, Köln und Opladen

Gesamtherstellung: Westdeutscher Verlag

Inhalt

I. Einleitung

An jedem Elektrizitätsleiter treten spontane Spannungsschwankungen auf, die durch die thermische Bewegung der Elektrizitätsträger verursacht werden. Für das mittlere Quadrat der Leerlaufspannung U gilt die bekannte Nyquistbeziehung:

$$\overline{U_{th}^2} = 4\,kT \cdot R \cdot \Delta f \tag{1}$$

(k = Boltzmannkonstante, T = Temperatur in Grad Kelvin, R = Widerstand in Ohm, Δf = Breite des Frequenzbandes).

Wenn man allgemein für das mittlere Spannungsquadrat eine spektrale Verteilungsfunktion W(f) einführt, also setzt

$$\overline{U^2} = \int W(f)\,df \,, \tag{2}$$

so gilt für das thermische Rauschen des Widerstandes R

$$W_{th}(f) = 4\,kT \cdot R \,. \tag{3}$$

Für ein passives, lineares Netzwerk, das sich durch einen komplexen, im allgemeinen frequenzabhängigen, Widerstandsoperator $\mathfrak{R}$ beschreiben läßt, gilt in Erweiterung der Gl. (3)

$$W_{th}(f) = 4\,kT \cdot Re(\mathfrak{R}) \tag{4}$$

(vgl. z. B. [1]).

An einem gleichstrombelasteten Leiter, z. B. an dem stromführenden Anodenwiderstand eines Verstärkers, wird häufig ein Rauschen beobachtet, das erheblich größer ist als der nach Gl. (3) zu erwartende Wert: Es tritt »Stromrauschen« oder »Belastungsrauschen« auf. In vielen Fällen – so z. B. bei Halbleitern – läßt sich diese Erscheinung auf Widerstandsschwankungen zurückführen, die ihrerseits durch zeitliche Schwankungen der Trägerzahl verursacht werden. Das in einem vorgegebenem Frequenzband auftretende mittlere Spannungsquadrat $\overline{U^2}$ des gesamten Rauschens setzt sich dann additiv aus dem thermischen Rauschen nach der Nyquistformel und dem mittleren Spannungsquadrat $\overline{U_s^2}$ des Stromrauschens zusammen:

$$\overline{U^2} = \overline{U_{th}^2} + \overline{U_s^2} \,. \tag{5}$$

Nach Gl. (2) läßt sich dann das Stromrauschen durch die spektrale Verteilungsfunktion $W_s(f)$ darstellen.
Bei der Durchführung und Auswertung von Rauschmessungen ist darauf zu achten, daß die hier zur Diskussion stehenden Größen sich alle auf die am Meßobjekt auftretenden Leerlaufspannungen beziehen. Die Spannungsmessung muß

daher hochohmig erfolgen, oder aber das Ergebnis auf den unbelasteten Fall umgerechnet werden. Ebenso muß das Einspeisen des Belastungsgleichstroms über einen hochohmigen Vorwiderstand erfolgen und bei genauen Messungen die wechselstrommäßige Belastung durch diesen Widerstand rechnerisch berücksichtigt werden.

Über die Größe des Stromrauschens sind allgemeine Aussagen nicht möglich. Die Nyquistformel bezieht sich zunächst nur auf den Fall des thermischen Gleichgewichts, d. h. aber auf den unbelasteten Leiter. Man ist daher auf experimentelle Ergebnisse angewiesen. Bei metallischen Leitern wird allgemein angenommen, daß sie kein Stromrauschen zeigen, d. h., daß sich hier das Rauschen auch im belasteten Zustand durch die Nyquistbeziehung beschreiben läßt. Eine anschauliche Erklärung hierfür liefert die korpuskulare Behandlungsweise des thermischen Rauschens, bei der die auftretenden Spannungen auf Schwankungen in der Impulsverteilung der Leitungselektronen zurückgeführt werden [1].

Über die früher im Institut für Angewandte Physik der Universität Münster durchgeführten Untersuchungen des Stromrauschens ist bereits an anderer Stelle berichtet worden [1], [2], [3], [4]. Eine Weiterführung der Untersuchungen an Schichtwiderständen erschien wünschenswert, da bei den früheren Messungen nur relativ hochohmige Werte erfaßt werden konnten. Außerdem konnten damals im Bereich der metallischen Leiter wegen der sehr schwierigen Präparation lediglich Messungen an Platin und Wolfram durchgeführt werden. Neuerdings wurden derartige Messungen auch an Nickel, einem Ferromagnetikum, und an Quecksilber mit seiner relativ schlechten Leitfähigkeit ausgeführt.

Bei den Messungen an extrem dünnen Drähten zeigte das Rauschen im Bereich niedriger Frequenzen einen Anstieg, der zunächst auf Störungen zurückgeführt wurde. Es konnte jetzt sichergestellt werden, daß es sich hierbei um die Auswirkung thermischer Relaxationserscheinungen handelt, spontane Temperaturschwankungen konnten quantitativ bestätigt werden.

Die experimentellen Untersuchungen, über die in Abschnitt III berichtet wird, wurden von Herrn HANS LÜTGEMEIER, die der Abschnitte IV und V von den Herren J. PETERSSON und K. SCHEIDHAUER durchgeführt.

II. Darstellung des Stromrauschens durch eine Stoffgröße

Unter Stromrauschen versteht man den über das thermische Rauschen hinaus auftretenden Anteil $\overline{U_s^2}$ der Spannungsschwankungen. Nach Gl. (5) hat man von dem beobachteten Rauschen den der Nyquistbeziehung entsprechenden Anteil $\overline{U_{th}^2}$ abzuziehen.

Die spektrale Verteilungsfunktion des Stromrauschens $W_s(f)$ erweist sich meist als stark frequenzabhängig. Außerdem hängt sie vom Belastungsgleichstrom bzw. von der an der Probe liegenden Gleichspannung U_0 ab. Für $U_0 = 0$ muß das Stromrauschen verschwinden.

Häufig ist eine Frequenz- und Spannungsabhängigkeit in folgender Form zu beobachten:

$$W_s(f) = \text{const} \cdot U_0^\alpha \cdot \frac{1}{f^x} . \tag{6}$$

Meist ist $\alpha \approx 2$. In vielen Fällen, so vor allem bei Kohleschichtwiderständen ist $x \approx 1$: Es liegt »1/f-Rauschen« vor.

Es ist nicht immer sicher, ob das Stromrauschen – im folgenden einfach als Rauschen schlechtweg bezeichnet – eines Leiters eine Eigenschaft ist, an der alle vom Strom durchflossenen Volumenelemente in gleicher Weise beteiligt sind. Oftmals handelt es sich um Kontakteffekte oder auch um Erscheinungen der Probenoberfläche, letzteres besonders bei Halbleitern.

Eine bemerkenswerte Beobachtung zum Kontaktrauschen ist im Zusammenhang mit den Messungen an Wolfram gemacht worden: Schlecht ausgeführte Lötstellen zeigen Stromrauschen; das Spektrum weist über viele Zehnerpotenzen der Frequenz 1/f-Verhalten auf. (Es muß allerdings erwähnt werden, daß es sich dabei eher um »Klebestellen« handelte, da sich Wolfram nicht weich löten läßt.)

Handelt es sich eindeutig um einen Volumeneffekt und ist in Gl. (6) der Exponent $\alpha = 2$, so läßt sich das Rauschen in folgender Weise durch eine Stoffgröße $\gamma(f)$ der Dimension $[\text{cm}^3 \cdot \text{Hz}^{-1}]$ angeben: Die Spektralgröße $W_s(f)$ kann in einen nur von der Spannung U_0 und in einen nur von der Frequenz f abhängigen Anteil aufgespalten werden:

$$W_s(f) = U_0^2 \cdot S(f) . \tag{7}$$

$S(f)$ ist dann das pro Hz auftretende mittlere relative Schwankungsquadrat der Spannung.

Für eine zylindrische oder prismatische Probe, bei der sich das Rauschen aus inkohärenten Beiträgen der einzelnen Volumenelemente additiv zusammensetzt, gelten für die Abhängigkeit vom Probenvolumen V die Beziehungen [1]:

$$W_s(f) = \frac{U_0^2}{V} \cdot \gamma(f); \qquad S(f) = \frac{1}{V} \cdot \gamma(f) \tag{8}$$

Weist das Rauschen ein 1/f-Spektrum auf, so kann für den Frequenzbereich, für den diese Gesetzmäßigkeit nachgewiesen ist, eine frequenz*un*abhängige Stoffgröße

$$\beta = f \cdot \gamma(f) \tag{9}$$

eingeführt werden. Es ist dann:

$$S(f) = \frac{1}{V} \cdot \frac{\beta}{f} \tag{10}$$

oder auch

$$\frac{\overline{U_s^2}}{U_0^2} = \frac{\beta}{V} \cdot \int\limits_{f_1}^{f_2} \frac{df}{f} = \frac{\beta}{V} \cdot \ln \frac{f_2}{f_1} \tag{11}$$

III. Ergebnisse über das Rauschen von Kohleschichtwiderständen

Als Ergänzung unserer früheren Messungen (vgl. [1], [2], [3]) an hochohmigen Schichtwiderständen (R > 100 kΩ) wurden Widerstände mit kleineren Werten (1 kΩ–10 kΩ) untersucht. Im Gegensatz zu den früheren Messungen, die sich ausschließlich auf Belastungen weit unter der Nennlast beschränkten, wurde jetzt z. T. mit hoher Gleichstrombelastung gearbeitet, bei den 0,5 W Widerständen teilweise bis über Nennlast. Das führte zu einer Erwärmung, die ein zu hohes Stromrauschen vortäuschte. Da bei geringer Übertemperatur die Erwärmung und damit das thermische Rauschen etwa proportional zu U_0^2 anwächst wie das Stromrauschen, lassen sich die beiden Anteile nur durch ihr verschiedenes Frequenzverhalten (weißes Spektrum, f^{-1}-Spektrum) trennen. Die Ergebnisse sind in Tab. 1 zusammengestellt. Das relative Rauschen $S(f)$ ist für die Frequenz $f = 1$ kHz angegeben, der Abfall nach hohen Frequenzen zu (beobachtet bis 20 kHz) und der Anstieg nach niederen Frequenzen zu (beobachtet bis etwa 30 Hz) befolgen angenähert die Proportionalität zu $1/f^x$ mit $x \approx 1$. Die Größe $W_s(f)$ ist für alle beobachteten Frequenzbereiche proportional zu U_0^2, so wie es nach Gl. (8) zu erwarten ist (mit Ausnahme des Widerstandes 3,9 kΩ/2 W). Zur Ermittlung der Stoffgröße $\gamma(f)$ nach Gl. (8) benötigt man das Leitervolumen V. Für einen gewendelten Schichtwiderstand der Größe R läßt sich V berechnen aus

$$V = \rho \cdot \pi^2 \cdot n^2 \cdot D^2/R \,. \tag{12}$$

Dabei ist n die Windungszahl, D der Durchmesser und ρ der spezifische Widerstand. Zur Berechnung von V und damit von γ in der Tabelle wurde der Wert $\rho = 3 \cdot 10^{-3} \,\Omega \cdot$ cm verwendet. Mit Ausnahme des stark rauschenden Widerstandes 3,9 kΩ/2 W, der eine Anomalie in der Lastabhängigkeit des Rauschens aufweist, streuen die γ-Werte im Verhältnis 1 : 25 gegenüber 1 : 300 bei den Werten von S. Vergleicht man mit den früher an hochohmigen Widerständen beobachteten Werten (vgl. den unteren Teil der Tabelle), so wird die Vermutung weiter bestätigt, daß für das Material der Kohleschichtwiderstände ein einheitlicher Rauschkoeffizient $\gamma(f)$ angegeben werden kann. Widerstände mit übermäßig großen Rauschkoeffizienten (3,9 kΩ/2 W und 383 kΩ/0,5 W) zeigen eine anomale Belastungsabhängigkeit.
Die auch von anderer Seite vorliegenden Ergebnisse stehen hiermit in Einklang. So läßt sich, wie früher schon erwähnt wurde, aus den Messungen von Lunze [5] der Wert $\gamma(1$ kHz$) = 4 \cdot 10^{-23}$ entnehmen, während die Beobachtungen von Döring [6] Werte zwischen 0,3 und $30 \cdot 10^{-23}$ liefern. Aus Messungen von Williams und Thomas [7] an »Pyrolitic Carbon Films« lassen sich Werte von $\gamma(1$ kHz$) = 0,1$ bis $100 \cdot 10^{-23}$ ableiten. Diese Autoren stellen fest, daß ein starkes Rauschen mit einer starken Nichtlinearität des Widerstandes korreliert ist.

Tab. 1

R [kΩ] Nennwert des Widerstandes	[W] Nennlast	x in Gl. (6)	S(1 kHz) · 10^{19} [Hz^{-1}]	V · 10^3 [cm^3]	γ(1 kHz) · 10^{23} [cm^3 Hz^{-1}]
10	0,5	1,10	42	0,012	5
10	2	1,00	14	0,05	7
10	2	0,96	1,7	0,15	2,5
10	0,5	0,96	0,49	0,07	0,35
1	0,5	0,99	0,31	0,25	0,75
2	2	0,97	0,21	0,5	1,0
10	6	0,96	0,15	1,0	1,5
3,9	2	0,94	62	0,12	70
2	0,5	0,96	8,2	0,022	1,8
3,3	0,5	0,95	2,0	0,045	0,9
2	0,5	0,76	0,39	0,25	1,0
2	0,5	0,80	0,27	0,12	0,3
Werte aus [1]					
148	1	1,0	30	0,0035	1
266	0,5	1,0	200	0,002	4
383	0,5		5 · 10^3	0,0015	80
1,4 · 10^3	0,5	1,0	6 · 10^2	0,0003	2
414	0,25	1,1	3 · 10^3	0,0004	10

In dem Normblatt DIN 41400 (Ausgabe 1952) sind für Widerstände der verschiedenen Güteklassen Höchstwerte für das Rauschen festgelegt. Sie beziehen sich auf das Verhältnis $\sqrt{\overline{U_s^2}}/U_0$ in µVolt/Volt bei Messung im Frequenzband von 30 Hz bis 10 kHz. Der zulässige Höchstwert beträgt 1 µV/V für Widerstände der Klassen 0,5 und 2. Es entspricht 1 µV/V dem Wert S(1 kHz) $= 1,72 \cdot 10^{-16}$ Hz^{-1}. Im Hinblick auf den gesicherten Zusammenhang, der zwischen dem Rauschen eines Widerstandes und dem Volumen der Kohleschicht besteht, erscheint es wenig sinnvoll, die Toleranzen für das Rauschen unabhängig vom Widerstandswert und auch unabhängig von der Belastbarkeit festzulegen. Das Leitervolumen derartiger Widerstände hängt von diesen beiden Größen ab.

IV. Messungen über das Rauschen metallischer Leiter

Bei den gut leitenden Metallen Platin und Wolfram hat sich ergeben, daß ein echtes Stromrauschen, falls dieser Effekt überhaupt auftritt, γ-Werte zeigt, die kleiner als etwa 10^{-27} cm³/Hz sind. Bei den höchstmöglichen Belastungen an dünnen Platindrähten – die Stromdichten lagen bei etwa 5000 Amp/mm² – konnte sogar nachgewiesen werden, daß $\gamma < 0{,}7 \cdot 10^{-28}$ cm³/Hz ist. Die hohe Belastung bringt eine Erhöhung des Rauschens mit sich, da das Produkt $T \cdot R$ in Gl. (3) wegen der Jouleschen Wärme erheblich ansteigt. Die Schwierigkeit derartiger Messungen besteht darin, aus einer Kenntnis der Temperatur und des Widerstands-Temperaturkoeffizienten des Drahtmaterials die zu erwartende Zunahme des thermischen Rauschens zu berechnen und zu prüfen, inwieweit das beobachtete Rauschen diesem Wert entspricht oder aber größer ist, und damit ein echtes Stromrauschen vorliegt.
Messungen dieser Art sind nur dann möglich, wenn es gelingt, aus den betreffenden Materialien hochohmige Präparate herzustellen, die gleichzeitig ein sehr kleines Volumen aufweisen. Bei unseren bisherigen Untersuchungen wurde durchweg mit Drähten gearbeitet, deren Durchmesser 1–2,5 µm betrug.

1. Quecksilber

Zur Messung an flüssigem Quecksilber wurden hochohmige Präparate dadurch hergestellt, daß das Quecksilber in Kapillaren von geringem Innendurchmesser eingefüllt wurde. Nach langen Bemühungen ist es gelungen, dies mit Kapillaren von etwa 10 µm lichter Weite durchzuführen, und damit Hg-Präparate von etwa 2 kΩ herzustellen. Das »Einfüllen« des Quecksilbers bereitet dabei erhebliche Schwierigkeiten, es ist wegen der Kapillarkräfte nur unter Aufwendung hoher Drücke möglich, die durch Erwärmen eines zugeschmolzenen Endes erreicht wurden.
Die Rauschmessungen wurden im Frequenzbereich von 0,5 bis 10 kHz ausgeführt. Die verwendeten Strombelastungen zwischen 1 und 12 mAmp ergaben Temperaturerhöhungen durch Joulesche Wärme bis zu 7°C. Auch hier hat die Temperaturerhöhung eine Erhöhung des Rauschens zur Folge, die wegen des geringen Widerstandstemperaturkoeffizienten des flüssigen Quecksilbers allerdings fast ausschließlich auf den Faktor T in Gl. (3) zurückzuführen ist. Der Vergleich des beobachteten Rauschens mit dem gemessenen Rauschen lieferte als Endergebnis einen γ-Wert, der sicher kleiner als $1{,}5 \cdot 10^{-26}$ cm³/Hz ist. Es ist vorgesehen, diese Untersuchungen in den Bereich tiefer Temperaturen – bis in die unmittelbare Nähe des Erstarrungspunktes – auszudehnen.

2. Nickel

Bei den ferromagnetischen Metallen tritt eine große magnetische Widerstandsänderung auf. So erhöht sich bei Zimmertemperatur der Widerstand von Nickel bei Anlegen eines Feldes in Richtung des elektrischen Stromes um etwa 1,8% bis zur Sättigung. Diese ferromagnetische Widerstandsänderung wird verursacht durch eine elektrische Anisotropie der spontan magnetisierten Bereiche; bei Nickel ist der spezifische Widerstand in Richtung der spontanen Magnetisierung etwas höher als der senkrecht dazu. Fluktuationen in der ferromagnetischen Bereichsstruktur müssen daher Widerstandsfluktuationen zur Folge haben, die sich bei Stromfluß als zusätzliches Rauschen bemerkbar machen müssen. Allerdings bewirken all die Elementarprozesse, die in einem vollständigen lokalen Ummagnetisieren bestehen – also etwa Verschiebungen von 180°-Wänden –, aus Symmetriegründen keinen elektrischen Effekt.

Tab. 2

f [kHz]	Zunahme des Rauschens in %
0,74	33,9
1,06	31,9
1,5	25,4
2,1	32,6
3,0	30,7
4,2	28,1
5,8	31,9
8,3	30,7
11,7	30,3
Beobachteter Mittelwert	30,6
Berechnete Zunahme $\dfrac{\overline{\Delta U_{th}^2}}{\overline{U_{th}^2}}$ in %	29,2
Mittlerer Fehler der Einzelmessung	2,5
$\gamma \cdot 10^{27}$ [cm³/Hz]	< 2

Temperatur des belasteten Drahtes $\approx 63°$ C; Widerstandstemperaturkoeffizient: $(1/R_{20})$ $(dR/dT) = 4,27 \cdot 10^{-3}$ grad^{-1}

Im Anschluß an die früheren Messungen wurden daher in gleicher Weise, wie es zuvor für Platin- und Wolframdrähte geschehen war (also in Luft von Atmosphärendruck), auch Nickeldrähte auf Stromrauschen untersucht. Der Durchmesser der Drähte betrug ca. 2,5 μm, ihr Kaltwiderstand etwa 2 kΩ. In Tabelle 2, die die prozentuale Zunahme des Rauschens bei Belastung mit einem Strom von 6 mA angibt, ist das Ergebnis dieser Messungen dargestellt.

14

Die bei Stromfluß auftretende Erhöhung des Rauschens ist annähernd unabhängig von der Frequenz, sie beträgt im Mittel 30,6%. Demgegenüber ist die berechnete Erhöhung des thermischen Rauschens als Folge einer mit der Belastung verbundenen Temperaturerhöhung 29,2%. Innerhalb der Meßgenauigkeit kann daher auch hier ein Stromrauschen nicht nachgewiesen werden. Aus dem mittleren Fehler der Einzelmessung läßt sich als Ergebnis abschätzen: $\gamma < 2 \cdot 10^{-27}$ cm³/Hz.

Die Tatsache, daß es sich bei Nickel um ein ferromagnetisches Metall handelt, macht sich im Bereich der erzielten Meßgenauigkeit und bei der vorliegenden Temperatur also nicht bemerkbar. Die folgende Abschätzung läßt erkennen, daß ein Effekt, der wesentlich über der hier angegebenen Grenze liegt, kaum erwartet werden kann. Trotz mehrfacher Versuche ist es nicht gelungen, solche Messungen auch am Curiepunkt des Nickels (356° C) auszuführen. Die äußerst empfindlichen Drähtchen hielten einer Erwärmung auf höhere Temperaturen durch entsprechend vergrößerte Strombelastung nicht stand.

3. Abschätzung zur Widerstandsschwankung von Nickel

Die spontanen Schwankungen der Magnetisierung eines Ferromagnetikums können aus Überlegungen abgeleitet werden, die im Zusammenhang mit dem Rauschen einer Spule angestellt wurden [8]. Bei Kenntnis der magnetischen Schwankungen, etwa beschrieben durch das mittlere Verhalten der Flußdichte B, und dem bekannten Zusammenhang zwischen elektrischem Widerstand und B, können dann die Widerstandsschwankungen abgeschätzt werden. Diese bringen dann ihrerseits ein Stromrauschen hervor.

Ein mit einer Wicklung versehener Nickelkern (Länge l, Querschnitt q, Volumen $V = l \cdot q$, Windungszahl n) zeigt eine Induktivität

$$L = \mu_a \cdot \frac{n^2 \cdot q}{l} \tag{13}$$

Hierbei sei μ_a die für den Grenzfall kleinster Amplituden gültige Permeabilität. Der magnetische Fluß weist spontane Schwankungen auf, so daß $q \cdot B(t)$ eine stochastische Funktion ist. Das mittlere Quadrat der symmetrisch um den Wert Null auftretenden Fluktuationen von B läßt sich durch die Spektralfunktion $W_B(f)$ beschreiben. Die Flußschwankungen liefern an den Klemmen der Spule eine Leerlaufspannung mit dem Spektrum

$$W_u(f) = n^2 \cdot \omega^2 \cdot q^2 \cdot W_B(f), \tag{14}$$

($\omega = 2\pi f$) oder wegen Gl. (13) auch

$$W_u(f) = \omega L \frac{\omega}{\mu_a} V \cdot W_B(f). \tag{15}$$

Das Rauschen der Spule – d. h. der Anteil, der durch magnetische Prozesse verursacht wird und der hier allein interessiert – läßt sich andererseits durch den Nachwirkungsverlustwiderstand R_n mit Hilfe der Nyquistbeziehung darstellen:

$$W_u(f) = 4\,kT \cdot R_n \,. \tag{16}$$

Ein Vergleich von Gl. (15) und (16) liefert

$$W_B(f) = \frac{2\,kT}{\pi} \cdot \mu_a \cdot \mathrm{tg}\,\delta_n \cdot \frac{1}{V} \cdot \frac{1}{f} \tag{17}$$

oder

$$W_B(f) = \varepsilon \cdot \frac{1}{V} \cdot \frac{1}{f} \tag{18}$$

mit der temperaturabhängigen Stoffgröße

$$\varepsilon = \frac{2\,kT}{\pi} \cdot \mu_a \cdot \mathrm{tg}\,\delta_n \,. \tag{19}$$

Statt R_n ist der Nachwirkungsverlustwinkel δ_n eingeführt:

$$R_n = \omega L \cdot \mathrm{tg}\,\delta_n \tag{20}$$

Wenn $\mathrm{tg}\,\delta_n$ frequenzunabhängig ist, was bekanntlich bei vielen Ferromagnetika in weiten Frequenzbereichen zu beobachten ist, zeigt nach Gl. (17) *die Flußdichte B ein 1/f-Spektrum.*
Für Zimmertemperatur, $\mu_a = 100 \cdot \mu_0$ und $\mathrm{tg}\,\delta_n = 10^{-2}$ wird $\varepsilon = 0,33 \cdot 10^{-28}$ V^2s^2/cm.
Nickel weist beim Magnetisieren bis zur Sättigung eine relative Widerstandsänderung $\Delta R/R$ von etwa 1,8% auf. Für eine grobe Abschätzung kann zwischen B und ΔR ein linearer Zusammenhang angenommen werden:

$$\frac{\Delta R}{R} = \eta \cdot \frac{B}{B_s} \tag{21}$$

mit dem Zahlenwert $\eta = 0,018$; $B_s = 0,6 \cdot 10^{-4}$ Vs/cm^2 Sättigungsinduktion.
Nimmt man nun an, daß der Zusammenhang Gl. (21) auch dann gilt, wenn es sich um die spontanen Schwankungen der Magnetisierung handelt, so erhält man für das Stromrauschen des ferromagnetischen Leiters

$$S(f) = \frac{\eta^2}{B_s^2} \cdot W_B(f) \,. \tag{22}$$

Es gilt nämlich für ein gegebenes Frequenzband

$$\overline{\left(\frac{\Delta U}{U_0}\right)^2} = \overline{\left(\frac{\Delta R}{R}\right)^2} = \eta^2 \cdot \overline{\left(\frac{\Delta B}{B_s}\right)^2} \,. \tag{23}$$

16

ΔU ist dabei die bei Stromfluß infolge von ΔR am Leiter auftretende Spannungsschwankung. Geht man zu den Spektren über, so ergibt sich mit Gl. (7) die
Gl. (22).
Führt man in Gl. (22) den Wert von $W_B(f)$ aus Gl. (18) ein und geht man gleichzeitig nach Gl. (8) auf die Stoffgröße $\gamma(f)$ für das Rauschen über, so wird

$$\gamma(f) = \frac{\eta^2}{B_s^2} \cdot \varepsilon \cdot \frac{1}{f} \, . \tag{24}$$

Dieses 1/f-Rauschen liefert mit den oben angegebenen Zahlenwerten, die etwa
den Verhältnissen bei Ni entsprechen, den speziellen Wert

$$\gamma(1 \text{ kHz}) \approx 3 \cdot 10^{-27} \text{ cm}^3/\text{Hz} \tag{25}$$

Diese Abschätzung ergibt also einen Wert, der gerade in die Größenordnung der
experimentell erreichbaren Genauigkeit fällt.

V. Rauschen und spontane Temperaturschwankungen

Die Energie E eines Systems zeigt Schwankungen um ihren Mittelwert $\overline{E}$. Für die Abweichung $\Delta E = E - \overline{E}$ gilt bekanntlich [9], [10]:

$$\overline{(\Delta E)^2} = k \cdot T^2 \frac{\partial \overline{E}}{\partial T} \tag{26}$$

(k = Boltzmannkonstante; T = mittlere Temperatur).

Für die Schwankungen des Energieinhalts eines Körpers – etwa des bei unseren Messungen verwendeten dünnen Drahtes – kann dessen Wärmekapazität $C_w = \dfrac{\partial \overline{E}}{\partial T}$ eingeführt werden:

$$\overline{(\Delta E)^2} = k \cdot C_w \cdot T^2 . \tag{27}$$

Die Schwankungen der Energie lassen sich auch als Temperaturschwankungen darstellen, wobei $\Delta E = C_w \cdot \Delta T$ ist. Für die zeitlichen Schwankungen ΔT der Temperatur um ihren Mittelwert T ergibt sich also:

$$\frac{\overline{(\Delta T)^2}}{T^2} = \frac{k}{C_w} . \tag{28}$$

Lassen sich diese Temperaturschwankungen an Körpern kleiner Masse und damit auch kleiner Wärmekapazität tatsächlich experimentell nachweisen? Um dies zu prüfen, soll zunächst der zu erwartende Effekt für einen extrem dünnen Platindraht abgeschätzt werden. Hier können sich nämlich Temperaturschwankungen als Spannungsschwankungen bemerkbar machen, sofern der Draht von einem elektrischen Gleichstrom durchflossen ist.

Ein solcher Platindraht (z. B. Nr. 6 bei den Messungen von SCHEIDHAUER [11]) mit einer Länge von etwa 6 cm und einem Durchmesser von 1,5 μm hat eine Masse von etwa $2,3 \cdot 10^{-6}$ Gramm. Mit der spezifischen Wärme des Pt ergibt sich dann die Wärmekapazität $C_w = 0,30 \cdot 10^{-6}$ Ws/Grad und das Verhältnis in Gl. (28) wird mit $k = 1,38 \cdot 10^{-23}$ Ws/Grad

$$\frac{k}{C_w} = 4,6 \cdot 10^{-17} . \tag{29}$$

Für $T = 300°\,$K ergibt sich daraus für die mittlere Schwankung der Temperatur des Drahtes

$$\sqrt{\overline{(\Delta T)^2}} = 2,0 \cdot 10^{-6}\,°\text{K} . \tag{30}$$

18

Bei vorgegebener Gleichstrombelastung I_0 ruft eine Temperaturschwankung ΔT eine Spannungsschwankung ΔU hervor, für die gilt:

$$\Delta U = I_0 \cdot \Delta R = I_0 \cdot \frac{dR}{dT} \cdot \Delta T \qquad (31)$$

$$\Delta U = U_0 \cdot \alpha \cdot \Delta T, \qquad (32)$$

hierbei ist $U_0 = R \cdot I_0$ die am Draht liegende Gleichspannung und $\alpha = \frac{1}{R} \cdot \frac{dR}{dT}$ der Temperaturkoeffizient des Widerstands bei der betreffenden Temperatur T (bezogen auf den zu dieser Temperatur gehörenden Widerstand). Geht man zu den mittleren Quadraten über, so ergibt sich mit Gl. (28)

$$\overline{\Delta U^2} = U_0^2 \cdot \alpha^2 \cdot T^2 \cdot \frac{k}{C_w} . \qquad (33)$$

Diese Spannungsschwankungen sind das elektrische Abbild der Temperaturschwankungen des Drahtes. Ihr Spektrum kann nur niederfrequente Anteile enthalten, da die Temperatur- bzw. Energieschwankungen sich nur bis zu einer Frequenzgrenze erstrecken, die durch die Wärmezeitkonstante des Drahtes bedingt ist. Beschreibt man diese Grenze durch eine effektive Frequenz f_g, so liefert Gl. (33) für die spektrale Dichte im Bereich niedriger Frequenzen

$$W_{uT}(f) \approx U_0^2 \cdot \alpha^2 \cdot T^2 \cdot \frac{k}{C_w} \frac{1}{f_g} . \qquad (34)$$

(Index »uT«, da es sich um Spannungsschwankungen handelt, die durch Temperatureffekte hervorgerufen werden). Für das bereits oben betrachtete Beispiel ist: $I_0 = 2,35$ mA; $R = 4,96$ kΩ und damit $U_0 = 11,6$ V. Außerdem ist $\alpha = 2,62 \cdot 10^{-3}$ Grad^{-1}, $T = 356°$K und damit $\alpha T = 0,93$ (angenähert $= 1$ wegen R proportional zu T für reine Metalle!). f_g kann aus dem thermischen Verhalten des Drahtes oder auch aus seinem Wechselstromverhalten abgeschätzt werden (vgl. [12]); für Draht 6 in Luft von 13 Torr Druck und der hier vorliegenden Temperatur ist $f_g \approx 235$ Hz. Mit diesen Daten erhält man aus Gl. (34):

$$W_{uT}(f) \approx 2,3 \cdot 10^{-17} \text{ V}^2/\text{Hz} . \qquad (35)$$

Der Effekt ist nachweisbar, sofern dieser Wert nicht vom thermischen Rauschen des Drahtes überdeckt wird. Das thermische Rauschen ergibt sich nach Gl. (3) für $R = 4,96$ kΩ und $T = 356°$K zu

$$W_{th}(f) = 9,9 \cdot 10^{-17} \text{ V}^2/\text{Hz} . \qquad (36)$$

Die Abschätzung zeigt also, daß der durch die Temperaturschwankungen verursachte Effekt etwa 23% des thermischen Rauschens ausmacht und damit bei Verwendung von Präzisionsmethoden gut nachweisbar sein müßte.

1. Genaue Berechnung des durch Temperaturschwankungen verursachten elektrischen Effektes

In einfachen Fällen läßt sich das thermische Verhalten des Körpers durch seine Wärmezeitkonstante τ_w beschreiben:

$$\tau_w = \frac{C_w}{F'} \tag{37}$$

($F' = $ Wärmeableitekoeffizient).

Die Spektralfunktion für die Spannung ergibt sich dann aus Gl. (33) zu (vgl. [1]):

$$W_{uT}(f) = \frac{4\,kT}{g} \cdot \left(\alpha T \frac{I_0^2 \alpha}{g\,F'} \frac{1}{1 + (2\pi f \cdot \tau_w)^2} \right). \tag{38}$$

Hierbei ist statt R der dazu reziproke elektrische Leitwert $g = I_0/U_0$ eingeführt; man überzeugt sich leicht, daß sich durch Integration über den Frequenzbereich $0 \div \infty$ aus Gl. (38) wieder der Ausdruck (33) ergibt. Der Klammerausdruck in Gl. (38) stellt den frequenzabhängigen Effekt in Einheiten des zum Leitwert g gehörenden thermischen Rauschens dar (vgl. die berechnete Kurve in der Abbildung).

Im allgemeinen läßt sich das Wärmeverhalten eines durch Strom erhitzten Drahtes, der sich in einer Gasatmosphäre befindet, nicht durch *eine* diskrete Zeitkonstante beschreiben. Sein Wärmeverhalten kann jedoch aus einer Messung der Frequenzabhängigkeit seines komplexen elektrischen Leitwerts $\mathfrak{G}$ ermittelt oder auch aus dem Wärmetransport im Gas berechnet werden [12]. Wie SCHEIDHAUER [11], [13] gezeigt hat, läßt sich der in Gl. (38) auftretende Klammerausdruck unmittelbar durch den elektrischen Leitwert angeben. Es gilt allgemein, d. h. auch dann, wenn nicht das einfache Wärmeverhalten vorliegt:

$$W_{uT}(f) = \frac{4\,kT}{g} \cdot M \tag{39}$$

mit

$$M = \alpha T \cdot \frac{(g^2 - x^2) - y^2}{(g + x)^2 + y^2}. \tag{40}$$

Hierbei ist $\mathfrak{G}(f) = x + j\,y$ der elektrische Leitwert des Drahtes für kleine Wechselamplituden, die dem Laststrom I_0 überlagert sind. Der reelle Leitwert $g = I_0/U_0$ ist identisch mit dem isothermen Wechselstromleitwert $\mathfrak{G}(\infty)$.

Auf diese Weise ist es möglich, mit Hilfe von Gl. (39) und (40) aus dem elektrischen Leitwert, der mit Hilfe einer Wechselstrombrücke gemessen wird, den durch Temperaturschwankungen verursachten Effekt zu berechnen. Auf eine solche Messung kann verzichtet werden, wenn die entsprechenden Daten aus den Bedingungen des Wärmetransports im Gas rechnerisch abgeleitet werden [12]. Die Tab. 3 und die Abbildung geben ein Beispiel hierzu; das Spektrum zeigt die erwartete Form. Bei niedrigen Frequenzen ist M etwa 0,15; die Temperaturschwankungen verursachen also einen Effekt, der etwa 15% des zum Leitwert g gehörenden thermischen Rauschens ausmacht.

20

Draht 6 bei p $= 13$ Torr; $I_0 = 2{,}35$ mA; $g = 20{,}19 \cdot 10^{-5}\,\Omega^{-1}$; $\alpha = 2{,}62 \cdot 10^{-3}$ Grad^{-1}; $T = 356°$ K

f [Hz]	M	$\dfrac{W_{\text{gesamt}}}{4\,kT/g}$	$\dfrac{g \cdot x}{x^2 + y^2}$	$\dfrac{W_{uT}}{4\,kT/g}$
8000		1,01	1,001	0,00$_9$
5600	0,001	1,00	1,002	—0,00$_2$
4000	0,001	1,01	1,003	0,00$_7$
2800	0,002	1,01	1,004	0,00$_6$
2000	0,003	1,00	1,005	—0,00$_5$
1400	0,005	1,02	1,008	0,01$_2$
1000	0,006	1,02	1,012	0,00$_8$
700	0,010	1,03	1,021	0,00$_9$
500	0,017	1,05	1,034	0,01$_6$
350	0,030	1,09	1,059	0,03$_1$
250	0,043	1,14	1,088	0,05$_2$
175	0,065	1,21	1,139	0,07$_1$
125	0,089	1,28	1,199	0,08$_1$
85	0,110	1,38	1,257	0,12$_3$
50	0,129			
20	0,143			
10	0,148			
5	0,152			
2	0,155			

M $\quad$ = berechnete Spannungsschwankungen in Einheiten des thermischen Rauschens des Leitwertes g; berechnet nach Gl. (40) aus den frequenzabhängigen Komponenten y und x des Leitwerts

W_{uT} = aus dem beobachteten Gesamtrauschen durch Subtraktion des thermischen Rauschens ermittelte Werte

2. Messungen

Bei einer Messung des Rauschens kommt sowohl der durch Temperaturschwankungen verursachte Effekt als auch das thermische Rauschen zur Anzeige. Letzteres muß vom beobachteten Gesamtrauschen subtrahiert werden, um das durch Temperaturschwankungen verursachte Spannungsspektrum $W_{uT}(f)$ zu erhalten

$$W_{uT}(f) = W_{\text{gesamt}}(f) - W_{th}(f) \, . \tag{41}$$

Der strombelastete Draht weist im fraglichen Frequenzbereich einen komplexen Widerstand auf, so daß für $W_{th}(f)$ die verallgemeinerte Beziehung (4) zu verwenden ist:

$$W_{th}(f) = 4\,kT \cdot \text{Re}(\mathfrak{R}) = \frac{4\,kT}{g} \cdot \frac{g \cdot \text{Re}(\mathfrak{G})}{|\mathfrak{G}|^2} \, . \tag{42}$$

(für hohe Frequenzen, d. h. oberhalb des thermischen Relaxationsgebietes, ist $\mathfrak{G} = g$ und damit $W_{th}(f) = 4\,kT/g$); mit $\mathfrak{G} = x + j\,y$ wird

$$W_{uT}(f) = W_{gesamt}(f) - \frac{4\,kT}{g} \cdot \frac{gx}{x^2 + y^2}. \tag{43}$$

In Tab. 3 und in der Abb. 1 sind die Werte W_{uT} angegeben, die sich aus den Messungen nach Abziehen des thermischen Rauschens ergeben. Sie stimmen sehr gut mit der berechneten Kurve überein, so daß damit *die spontanen Temperaturschwankungen ihre quantitative Bestätigung finden.*

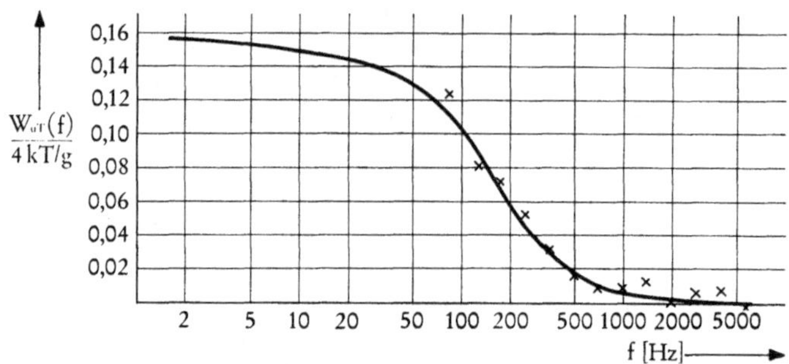

Abb. 1   Spektrum $W_{uT}(f)$ der Spannungsschwankungen, die durch die spontanen Temperaturschwankungen eines dünnen Platindrahtes verursacht sind;

$W_{uT}(f)$ ist in Einheiten von $\dfrac{4\,kT}{g}$ aufgetragen;

Kurve = berechnete Werte;
Kreuze = Meßpunkte

Von Scheidhauer [11] sind zwölf derartige Meßreihen durchgeführt worden, die einen weiten Bereich der Strombelastung, des Gasdrucks und der Frequenz umfassen, und bei denen gemessene und berechnete Werte stets in guter Übereinstimmung waren. Je nach Belastung und Gasdruck verschiebt sich der Zeitmaßstab für das Relaxationsverhalten und damit auch die Frequenz, bei der das Spektrum abfällt. Allerdings ist es dabei nicht gelungen, die Grenze des Spektrums so weit nach hohen Frequenzen zu verschieben, daß auch Meßergebnisse in dem annähernd »weißen« Bereich des Spektrums erhalten wurden. Erhebliche Unannehmlichkeiten bereitete in diesem Zusammenhang der Funkeleffekt der als Eingangsstufe verwendeten Röhren.

Prof. Dr. phil. Heinz Bittel

VI. Literaturverzeichnis

[1] Bittel, H., Ergebn. d. exakten Naturw. 31, 84 (1959).

[2] Bittel, H., und L. Storm, Forschungsbericht Nr. 148 des Wirtschafts- und Verkehrsministeriums Nordrhein-Westfalen (1955).

[3] Dies., Z. angew. Physik 7, 27 (1955).

[4] Bittel, H., und K. Scheidhauer, Z. angew. Physik 8, 417 (1956).

[5] Lunze, K., Wissenschaftl. Z. der T.H. Dresden 3, 711 (1953/54).

[6] Doering, K. E., Funk und Ton 8, 378 und 422 (1954).

[7] Williams, T. R., and J. Thomas, Rev. Sci. Instr. 30, 586 (1959).

[8] Bittel, H., Halbleiterprobleme, Band VII; Braunschweig: Vieweg & Sohn (1962).

[9] Fürth, R., Schwankungserscheinungen in der Physik. Braunschweig: Sammlung Vieweg (1920).

[10] Flügge, S., Handbuch der Physik, Bd. III/2; Berlin-Göttingen-Heidelberg: Springer (1959).

[11] Scheidhauer, K., Dissertation, Universität Münster (1960).

[12] Göddecke, H., und H. Bittel, Z. angew. Physik 14, 63 (1962).

[13] Scheidhauer, K., Z. angew. Physik 13, 380 (1961).

FORSCHUNGSBERICHTE
DES LANDES NORDRHEIN-WESTFALEN

Herausgegeben im Auftrage des Ministerpräsidenten Dr. Franz Meyers
von Staatssekretär Prof. Dr. h. c. Dr.-Ing. E. h. Leo Brandt

PHYSIK

HEFT 10
Prof. Dr. W. Vogel, Köln
„Das Streifenpaar" als neues System zur mechanischen Vergrößerung kleiner Verschiebungen und seine technischen Anwendungsmöglichkeiten
1953, 20 Seiten, 6 Abb., DM 4,50

HEFT 62
Prof. Dr. W. Franz, Institut für theoretische Physik der Universität Münster
Berechnung des elektrischen Durchschlags durch feste und flüssige Isolatoren
1954, 36 Seiten, DM 7,—

HEFT 103
Prof. Dr. W. Weizel, Bonn
Durchführung von experimentellen Untersuchungen über den zeitlichen Ablauf von Funken in komprimierten Edelgasen sowie zu deren mathematischen Berechnung
1955, 32 Seiten, 12 Abb., DM 9,10

HEFT 104
Prof. Dr. W. Weizel, Bonn
Über den Einfluß der Elektroden auf die Eigenschaften von Cadmium-Sulfid-Widerstands-Photozellen
1955, 48 Seiten, 12 Abb., DM 9,45

HEFT 107
Prof. Dr. H. Lange und Dipl.-Phys. P. St. Pütter, Köln
Über die Konstruktion von Laboratoriumsmagneten
1955, 66 Seiten, 19 Abb., 1 Tabelle, DM 12,30

HEFT 122
Prof. Dr. W. Fucks †, Aachen
Untersuchungen zur Verbesserung der Wasseraufbereitung und Wasseranalyse:
Über die Schnellbewertung von Ionenaustauschern
1955, 48 Seiten, 32 Abb., DM 12,30

HEFT 125
Prof. Dr. E. Kappler, Münster
Eine neue Methode zur Bestimmung von Kondensations-Koeffizienten von Wasser
1955, 46 Seiten, 11 Abb., 1 Tabelle, DM 9,10

HEFT 141
Dr. J. van Calker und Dr. R. Wienecke, Münster
Untersuchungen über den Einfluß dritter Analysenpartner auf die spektrochemische Analyse
1955, 42 Seiten, 15 Abb., DM 9,10

HEFT 145
Dr. G. Hennemann, Werdohl (Westf.)
Beitrag zur Interpretation der modernen Atomphysik
1955, 34 Seiten, DM 10,—

HEFT 148
Prof. Dr. H. Bittel und Dipl.-Phys. L. Strom, Münster
Untersuchungen über Widerstandsrauschen
1955, 40 Seiten, 5 Abb., DM 8,40

HEFT 157
Dr. W. Jawtusch, Dr. G. Schuster und Prof. Dr.-Ing. R. Jaeckel, Bonn
Untersuchungen über die Stoßvorgänge zwischen neutralen Atomen und Molekülen
1955, 48 Seiten, 15 Abb., 3 Tabellen, DM 10,50

HEFT 169
Forschungsinstitut für Pigmente und Lacke, Stuttgart
Arbeiten über die Bestimmung des Gebrauchswertes von Lackfilmen durch physikalische Prüfungen
1955, 70 Seiten, 23 Abb., 4 Tabellen, DM 15,—

HEFT 174
Prof. Dr. phil. C. v. Fragstein, Dr. J. Meingast und H. Hoch, Köln
Herstellung von Solen einheitlicher Teilchengröße und Ermittlung ihrer optischen Eigenschaften
1955, 78 Seiten, 80 Abb., 4 Tabellen, DM 18,25

HEFT 178
Prof. Dr. M. v. Stackelberg und Dr. W. Hans, Bonn
Untersuchungen zur Ausarbeitung und Verbesserung von polarographischen Analysenmethoden
1955, 46 Seiten, 14 Abb., DM 10,50

HEFT 187
Dipl.-Ing . F. Göttgens, Essen
Über die Eigenarten der Bimetall-, Thermo- und Flammenionisationssicherungsmethode in ihrer Anwendung auf Zündsicherungen
1955, 40 Seiten, 6 Abb., 4 Tabellen, DM 8,40

HEFT 189
Fa. E. Leybold's Nachfolger, Köln
I. Ausgewählte Kapitel aus der Vakuumtechnik
II. Zum Verlust anorganisch-nichtflüchtiger Substanzen während der Gefriertrocknung
1955, 52 Seiten, 16 Abb., 3 Tabellen, DM 11,20

HEFT 194
Dr. K. Hecht, Köln
Entwicklung neuartiger physikalischer Unterrichtsgeräte
1955, 42 Seiten, 16 Abb., DM 9,90

HEFT 209
Dr. K. Bunge, Leverkusen
Materialabbau in Funkenentladungen. Untersuchungen an Zinkkathoden
1956, 54 Seiten, 10 Abb., 5 Tabellen, DM 11,40

HEFT 210
Dr. W. Porschen und Prof. Dr. W. Riezler, Bonn
Langlebige Alphaaktivitäten bei natürlichen Elementen
1955, 40 Seiten, 5 Abb., 4 Tabellen, DM 8,80

HEFT 233
Dr. H. Haase, Hamburg
Infrarot-Bibliographie
1956, 90 Seiten, DM 17,80

HEFT 251
Prof. Dr. H. Bittel, Münster
Zur Statistik der ferromagnetischen Elementarvorgänge und ihren Einfluß auf das Barkhausenrauschen
1956, 52 Seiten, 14 Abb., DM 11,65

HEFT 259
Prof. Dr. W. Linke, Aachen
Strömungsvorgänge in künstlich belüfteten Räumen
1956, 52 Seiten, 37 Abb., 1 Tabelle, DM 11,80

HEFT 264
Prof. Dr. W. Weizel, Bonn
Durch schnelle Funkenzusammenbrüche ausgelöste Signale auf einer Leitung
1956, 26 Seiten, 4 Abb., 3 Tabellen, DM 6,10

HEFT 267
Prof. Dr. W. Weizel und B. Brandt, Bonn
Zur Stabilität stromstarker Glimmentladungen
1956, 36 Seiten, 7 Abb., DM 8,40

HEFT 299
Dr. J. Fassbender und W. Hoppe, Bonn
Eine photoelektrische Nachlaufeinrichtung für Analogie-Rechenmaschinen
1956, 20 Seiten, 8 Abb., DM 7,65

HEFT 326
Prof. Dr.-Ing. E. Essers, Dr.-Ing. J. Essers und Dipl.-Ing. J. Klein, Aachen
Deichselkräfte an Lastzügen
1957, 96 Seiten, 34 Abb., DM 22,10

HEFT 329
Dipl.-Ing. A. Krüger, Karlsruhe und Feuerwehr-Ing. R. Radusch, Dortmund
Wasserzerstäubung im Strahlrohr
1956, 78 Seiten, 21 Abb., 3 Tabellen, DM 18,65

HEFT 330
Dr.-Ing. E. Pepping, Aachen
Die Durchflußzahl des Rechteckschlitzes in einer sehr großen Wand
1957, 54 Seiten, 21 Abb., DM 12,35

HEFT 332
Prof. Dr.-Ing. R. Jaeckel und Dr. G. Reich, Bonn
Messung von Dampfdrücken im Gebiet unter 10^{-2} Torr
1956, 34 Seiten, 16 Abb., 2 Tabellen, DM 10,40

HEFT 334
Prof. Dr. W. Weizel und Dr. G. Meister, Bonn
Spektralanalyse durch Messung des Interferenz-Kontrastes
1956, 42 Seiten, 8 Abb., DM 9,30

HEFT 335
Prof. Dr. W. Weizel und H. Hornberg, Bonn
Untersuchungen der anodischen Teile einer Glimmentladung
1957, 50 Seiten, 21 Abb., 19 Farbabb., 1 Tabelle DM 32,80

HEFT 341
Prof. Dr.-Ing. H. Winterhager und Dipl.-Ing. L. Werner, Aachen
Präzisions-Meßverfahren zur Bestimmung des elektrischen Leitvermögens geschmolzener Salze
1956, 44 Seiten, 19 Abb., 1 Tabelle, DM 10,60

HEFT 344
Prof. Dr.-Ing. W. Fucks, Aachen
Zur Deutung einfachster mathematischer Sprachcharakteristiken
1956, 38 Seiten, 12 Abb., DM 7,80

HEFT 356
Dipl.-Phys. G. Gurke, Aachen
Aufbau einer Meßanlage für Untersuchungen elektrischer Gasentladung im Bereiche großer p. d.-Werte
1956, 38 Seiten, 13 Abb., 1 Tabelle, DM 8,65

HEFT 357
Prof. Dr.-Ing. W. Fucks, Aachen
Mathematische Analyse der Formalstruktur von Musik
1958, 54 Seiten, 29 Abb., 16 Tabellen, DM 13,60

HEFT 361
Dipl.-Ing. H. F. Klein, Aachen
Die nichtstationären Strömungsvorgänge und der Wärmeübergang in einem Schwingfeuergerät
1957, 84 Seiten, 34 Abb., 4 Falttafeln, DM 25,90

HEFT 368
Prof. Dr. phil. H. Kaiser, Dortmund
Entwicklung betriebsmäßiger spektrochemischer Analysenverfahren für technische Gläser
1957, 40 Seiten, 11 Abb., DM 9,10

HEFT 369
Dipl.-Phys. F. J. Schittko, Bonn
Gasabgabe von Werkstoffen ins Vakuum
1957, 48 Seiten, 20 Abb., 6 Tabellen, DM 13,30

HEFT 375
Technischer Überwachungsverein e. V., Essen
Wanddickenmessungen mittels radioaktiver Strahlen und Zählrohrgerät
1958, 38 Seiten, 15 Abb., DM 9,55

HEFT 380
Dipl.-Phys. R. Trappenberg, Karlsruhe
Theoretische und experimentelle Untersuchungen zur Staubverteilung einer Rauchfahne
1957, 64 Seiten, 7 Abb., 18 Tabellen, DM 14,90

HEFT 386
Prof. Dr.-Ing. H. Opitz und Dipl.-Ing. O. Hake, Aachen
Standzeituntersuchungen und Verschleißmessungen mit radioaktiven Isotopen
1958, 36 Seiten, 33 Abb., 3 Tabellen, DM 12,75

HEFT 404
Prof. Dr. R. Jaeckel und Dipl.-Phys. F. Gross, Bonn
Die Löslichkeit von Gasen in schwerflüchtigen organischen Flüssigkeiten
1957, 46 Seiten, 17 Abb., 1 Tabelle, DM 11,50

HEFT 415
Prof. Dr.-Ing. W. Paul, Dr. rer. nat. O. Osberghaus und Dipl.-Phys. E. Fischer, Bonn
Ein Ionenkäfig
1958, 42 Seiten, 18 Abb., 2 Tabellen , DM 13,65

HEFT 419
Dipl.-Ing. K. Brocks, Mülheim (Ruhr)
Die Messungen der Reflexionseigenschaften künstlicher und natürlicher Materialien mit quasi-optischen Methoden bei Mikrowellen
1957, 78 Seiten, 52 Abb., DM 20,35

HEFT 420
Dipl.-Ing. M. Vogel, Oberpfaffenhofen
Das Spektralgebiet zwischen dem langwelligen Ultrarot und Mikrowellen
1957, 56 Seiten, 2 Abb., DM 13,50

HEFT 432
Dipl.-Phys. Dr. R. Werz, Bonn
Die Entwicklung einer Synchrozyklotron-Ionenquelle
1958, 122 Seiten, 90 Abb., 1 Tabelle, DM 30,30

HEFT 439
Prof. Dr. phil. H. Lange, Köln, und Dr. rer. nat. R. Kohlhaas, Neuß a. Rhein
Anwendung der thermomagnetischen Analyse zum Studium des Umwandlungsverhaltens von Eisenwerkstoffen im Temperaturbereich von $-150°C$ bis $+1500°C$
1958, 96 Seiten, 72 Abb., 2 Tabellen, DM 27,10

HEFT 443
Prof. Dr. phil. W. Weizel und K. Kluth, Bonn
Über die Struktur der positiven Gleitentladungen
1957, 44 Seiten, 30 Abb., DM 12,20

HEFT 450
Prof. Dr.-Ing. W. Paul, Bonn, und Dipl.-Phys. H. P. Reinhard, Mönchengladbach
Das elektrische Massenfilter als Isotopentrenner
1958, 56 Seiten, 20 Abb., DM 13,50

HEFT 459
Prof. Dr. phil. F. Wever, Dr. phil. O. Krisement und H. Schädler, Düsseldorf
Ein isothermes Mikrokalorimeter zur kinetischen Messung von Umwandlungs- und Ausscheidungsvorgängen in Legierungen
1957, 32 Seiten, 14 Abb., DM 10,75

HEFT 460
Prof. Dr. phil. F. Wever und Dr. rer. nat. B. Ilschner, Düsseldorf
Ein isothermes Lösungskalorimeter zur Bestimmung thermo-dynamischer Zustandsgrößen von Legierungen
1957, 32 Seiten, 7 Abb., 4 Tabellen, DM 10,40

HEFT 502
Prof. Dr. M. Diem und Dr. R. Trappenberg, Karlsruhe
Berechnung der Ausbreitung von Staub und Gas
1957, 18 Seiten Text und 67 z. T. großformatige zweifarbige Diagramme, DM 37,30

HEFT 504
*Prof. Dr. phil. F. Wever, Dr. phil. W. Winke und
Dr. rer. nat. W. Jellinghaus, Düsseldorf*
Versuchsanordnung zur Messung der Suszeptibili-
tät paramagnetischer Stoffe und Meßergebnisse an
Nickel-Chrom- und Kobalt-Nickel-Chrom-Werk-
stoffen
1958, 38 Seiten, 10 Abb., 2 Tabellen, DM 9,95

HEFT 507
*Prof. Dr. H. Kaiser, Dortmund, Dr. G. Bergmann,
Dortmund, und Priv.-Doz. Dr. G. Kresze, Berlin*
Kartei zur Dokumentation in der Molekülspektro-
skopie
1958, 34 Seiten, 3 Abb., 6 Tabellen, DM 11,90

HEFT 510
*Prof. Dr. rer. nat. W. Groth, Dr.-Ing. K. Bayerle,
Dr. rer. nat. H. Ihle, Dr. rer. nat. A. Murrenhoff,
E. Nann und Dr. rer. nat. K. H. Welge, Bonn*
Anreicherung der Uranisotope nach dem Gaszentri-
fugenverfahren
1958, 76 Seiten, 43 Abb., DM 21,20

HEFT 516
*Prof. Dr.-Ing. H. Müller, Dipl.-Ing. F. Reinke und
Dipl.-Ing. W. Sorgenicht, Essen*
Gesamtstrahlungsmessungen der Temperatur-
strahlung
1958, 82 Seiten, 18 Abb., DM 22,80

HEFT 519
*Prof. Dr. phil. F. Wever, Dr. phil. W. Koch und
Dr. phil. S. Eckhard, Düsseldorf*
Die spektrographische Bestimmung der Spuren-
elemente in Stahl ohne vorherige Abbrennung
1958, 36 Seiten, 22 Abb., DM 12,60

HEFT 527
Dr. rer. nat. K. G. Müller, Hanau/W.
Wärmeübertragung auf eine Flugstaubströmung
im senkrechten Rohr sowie auf eine durchströmte
Schüttgutschicht
1958, 74 Seiten, 34 Abb., 7 Tabellen, DM 20,70

HEFT 537
Dr.-Ing. N. Gössl, Frankfurt a. M.
Probleme der Zugförderung im Zusammenhang
mit der Ausnutzung der Atom-Energie
1958, 116 Seiten, 28 Abb., 12 Tabellen, DM 29,90

HEFT 548
Prof. Dr.-Ing. K. Leist und Dr.-Ing. J. Weber, Aachen
Spannungsoptische Untersuchungen von Tur-
binenscheiben mit angefrästen und eingesetzten
Schaufeln
1958, 28 Seiten, 28 Abb., 4 Tabellen, DM 8,30

HEFT 549
Dr.-Ing. R. Merten, Duisburg
Resonanzanpassung bei einem Tiefpaß
1958, 22 Seiten, 16 Abb., DM 9,—

HEFT 550
Dr. H. Stephan, Bonn
Elektrisches Standhöhenmeßgerät für Flüssigkeiten
1958, 26 Seiten, 13 Abb., 2 Tabellen, DM 10,10

HEFT 551
*Prof. Dr. phil. W. Weizel und Dipl.-Phys. B. Brandt,
Bonn*
Betriebsbedingungen einer stromstarken Glimment-
ladung
1958, 68 Seiten, 18 Abb., DM 16,—

HEFT 567
Dr. rer. nat. K. Sauerwein, Düsseldorf
Anwendungen radioaktiver Isotope in der Technik
1958, 74 Seiten, 33 Abb., 9 Tabellen, DM 19,60

HEFT 583
*Prof. Dr. phil. F. Kirchner, Dipl.-Phys. H. Baron und
Dipl.-Phys. H. Kirchner, Köln*
Verwendbarkeit von Zählrohren zu massenspektro-
metrischen Untersuchungen
1958, 12 Seiten, 5 Abb., DM 6,70

HEFT 590
Übergabe des Synchro-Zyklotrons an das Institut
für Strahlen- und Kernphysik der Universität Bonn
am 8. Mai 1957
1958, 52 Seiten, 16 Abb., DM 16,50

HEFT 594
Prof. Dr. A. Nikuradse, München
Energieabsorption von Atomkernstrahlen in
organischen Stoffen und durch sie hervorgerufene
Reaktionsprozesse
1958, 56 Seiten, 13 Abb., 2 Tabellen, DM 15,10

HEFT 595
*Prof. Dr. A. Nikuradse und Dipl.-Phys. K. Kugler,
München*
Einfluß der molekularen bzw. atomaren Be-
schaffenheit der Festwandoberflächenschicht auf
die Wechselwirkung zwischen auftretenden Gas-
molekülen und der Wand
1958, 16 Seiten, 9 Abb., DM 8,40

HEFT 608
*Prof. Dr. habil. W. Linke und
Dipl.-Ing. W. Hufschmidt, Aachen*
Wärmeübergang bei pulsierender Strömung
1958, 30 Seiten, 18 Abb., DM 9,—

HEFT 615
Prof. Dr. W. Weizel und D. H. Whang, Bonn
Stromverteilung auf der Kathode einer Glimmentladung in Spalten bei hohen Drücken und abseits
stehender Anode
1958, 28 Seiten, 16 Abb., DM 8,80

HEFT 616
Prof. Dr. W. Weizel und W. Ohlendorf, Bonn
Die Glimmentladung in spalartigen Entladungs-
räumen
1958, 38 Seiten, 18 Abb., DM 10,70

HEFT 622
Prof. Dr. W. Franz, Münster
Theorie der Elektronenbeweglichkeit in Halbleitern
1958, 40 Seiten, 9 Abb., DM 10,80

HEFT 642
Dr.-Ing. H.-J. Eckhardt, Essen
Die dielektrische Trocknung bei erniedrigtem Luft-
druck mit Beiträgen zum physikalischen Verhalten
der Mischkörper
1958, 66 Seiten, 24 Abb., DM 17,10

HEFT 643
Max-Planck-Institut für Silikatforschung, Würzburg
Spannungsmessungen an Schleifkörpern
1958, 38 Seiten, 22 Abb., DM 11,70

HEFT 651
Dr.-Ing. A. Eisenberg, Dortmund
Versuche zur Körperschalldämmung in Gebäuden
1958, 26 Seiten, 20 Abb., DM 8,10

HEFT 652
Dr. phil. nat. H. Haase, Hamburg
Infrarot - Bibliographie II
1959, 42 Seiten, DM 11,—

HEFT 653
Prof. Dr. K. Hamann und Dr. W. Funke, Stuttgart
Die Schutzwirkung organischer Inhibitoren in wäß-
riger Lösung gegenüber Eisen
1958, 72 Seiten, 31 Abb., DM 18,70

HEFT 656
Prof. Dr. E. Jenckel und Dr. H. Huhn, Aachen
Das Verkleben von Aluminium mit carboxylsubsti-
tuiarten Polystrolen
1958, 42 Seiten, 16 Abb., 3 Tabellen, DM 11,60

HEFT 657
Prof. Dr. W. Weizel und Dr. H. Herrmann, Bonn
Glimmentladungen an festen nichtmetallischen
Elektroden
1959, 14 Seiten, 2 Abb., 1 Tabelle, DM 5,—

HEFT 662
*Prof. Dr. phil. H. Lange und Dr. rer. nat. R. Kohlhaas,
Köln*
Über die Konstruktion von Laboratoriums-
magneten
2. Teil: Technische Ausführung verschiedener
Magnettypen
1958, 30 Seiten, 20 Abb., 3 Tabellen, DM 9,80

HEFT 683
*Prof. Dr.-Ing. R. Jaeckel und Dr. rer. nat. H. H.
Kutscher, Bonn*
Das Verhalten von Überschallströmungen bei
Drücken unter 1 Torr
*1959, 61 Seiten, 43 Abb., 12 Farbtafeln DIN A 4,
DM 50,—*

HEFT 684
*Prof. Dr. sc. techn. F. Schultz-Grunow und
Dr.-Ing. H. Hein, Aachen*
Beiträge zur Grenzschichtströmung
1959, 66 Seiten, 49 Abb., 1 Tabelle, DM 19,—

HEFT 687
*Prof. Dr. E. Kappler, Dr. H. Frinken und
cand. phys. J. Vanheiden, Münster*
Teil I: Das elastische Verhalten der Metalle beim
Zugversuch im Bereich der plastischen Verformung.
Teil II: Untersuchungen über das elastische Verhalten metallischer Werkstoffe im Bereich der plastischen Verformung beim Brinellschen Kugel-
druckversuch
1959, 56 Seiten, 42 Abb., DM 15,30

HEFT 696
*Dr. rer. nat. H. Ehrenberg und Dipl.-Phys. H. J.
Mürtz, Bonn*
Massenspektrometrische Untersuchungen an Blei-
erzen
1959, 32 Seiten, 12 Abb., 2 Tabellen, DM 9,40

HEFT 717
Prof. Dr. W. Franz, Münster
Leitungsvorgänge in Halbleitern anisotroper
Struktur
1959, 30 Seiten, 9 Abb., DM 8,80

HEFT 719
*Prof. Dr. phil. H. Lange und Dr. rer. nat. W. Habbel,
Köln*
Das spannungsoptische Bild von Stoßwellen in der
elastischen Halbebene in Abhängigkeit von der
Stoßdauer und der Stoßgeschwindigkeit
1959, 52 Seiten, 46 Abb., DM 35,20

HEFT 724
*Prof. Dr. G. Eckart, Dr. F. Gimmel, Th. Conrady
und B. Scherer, Saarbrücken*
Sonderfragen bei Breitband-Schlitzantennen
1959, 32 Seiten, 3 Abb., 4 Kurvenblätter, DM 9,40

HEFT 735
Dipl.-Ing. R. Lüttmann, Essen-Steele
Wärmeaustausch bei durch Anwendung von
Sintermetallen verschiedenartig ausgeführten Wär-
meübertragungsflächen
1959, 27 Seiten, 13 Abb. DM 8,80

HEFT 752
*Prof. Dr. W. Weizel und Dipl.-Phys. Dr. H. Horn-
berg, Bonn*
Glimmentladungssäulen ohne Wandeinflüsse
1959, 52 Seiten, DM 41,—

HEFT 753
Prof. Dr. E. Jenckel und Dipl.-Phys. K.-H. Illers, Aachen
Mechanische Relaxationserscheinungen in vernetztem und gequollenem Polystrol
1959, 92 Seiten, 49 Abb., DM 24,80

HEFT 759
Dr. C. Brunnée und Dr. L. Jenckel, Bremen
Untersuchungen und Verbesserung des Störuntergrundes im Massenspektrometer
1960, 59 Seiten, 36 Abb., DM 17,70

HEFT 760
Dipl.-Phys. B. Franzen, Prof. Dr.-Ing. W. Fucks und Prof. Dr. phil. G. Schmitz, Aachen
Vergleich von Korona- und Hitzdrahtanemometer durch Messung von Turbulenzspektren
1959, 70 Seiten, 49 Abb., DM 19,90

HEFT 779
Prof. Dr.-Ing. F. Eisele und Dipl.-Phys. D. Löbell
Untersuchungen der kennzeichnenden Eigenschaften von Meßuhren und Feinzeigern
1959, 106 Seiten, 67 Abb., DM 29,20

HEFT 797
Prof. Dr. phil. H. Lange und Dr. rer. nat. R. Kohlhaas, Köln
Über die wahre spezifische Wärme von Eisen, Nickel und Chrom bei hohen Temperaturen
1960, 115 Seiten, 38 Abb., 24 Tabellen, DM 31,20

HEFT 829
Dr. H. Struck, Bonn
Glimmentladung im Innern eines kathodischen Rohres
1960, 34 Seiten, 16 Abb., DM 10,30

HEFT 832
Prof. Dr. G. Ecker, D. Voslamber, Bonn
Die Impulsstreuungsmomente in kollektiven Gesamtheiten
1960, 49 Seiten, 4 Abb., DM 15,10

HEFT 836
H. Borchardt, Mülheim (Ruhr)
Physikalisch-technische Grundlagen der meteorologischen Anwendung von Radar nach Erfahrungen mit der Wetterradaranlage des Institutes für Mikrowellen in der Deutschen Versuchsanstalt für Luftfahrt e. V. Mülheim (Ruhr)
1960, 139 Seiten, 59 Abb., 5 Tabellen, 4 Tafeln, 5 Bildserien, DM 39,90

HEFT 853
Prof. Dr. W. Weizel und Dr. G. Albrecht, Bonn
Glimmentladungssäulen ohne Wand bei höheren Drücken
1960, 35 Seiten, 19 Abb., DM 19,90

HEFT 857
Prof. Dr. W. Weizel und Dipl.-Phys. F. Laube, Bonn
Schichten im Faradayschen Dunkelraum der Glimmentladung und elektrochemische Eigenschaften des Entladungsgases
1960, 72 Seiten, 47 Abb., DM 49,80

HEFT 862
Dipl.-Phys. Dr. W. Gerke, Bonn
Drehstromglimmentladung im Stickstoff
1960, 39 Seiten, 22 Abb., 2 Tabellen, DM 12,50

HEFT 871
Prof. Dr. W. Weizel und Dr. H. Herrmann, Köln
Betriebsbedingungen einer Glimmentladung in aggressiven Gasen
1960, 26 Seiten, 14 Abb., DM 14,—

HEFT 872
Prof. Dr. W. Weizel und Dr. H. Franke, Bonn
Untersuchungen an strömenden Stickstoffnachleuchtplasmen einer positiven Säule
1960, 53 Seiten, 24 Abb., DM 16,20

HEFT 904
Regierungsrat Dipl.-Ing. Otto Adam, Forschungsinstitut für Verfahrenstechnik an der Technischen Hochschule Aachen
Untersuchung über die Vorgänge in feststoffbeladenen Gasströmen
1960, 166 Seiten, 86 Abb., 3 Tabellen, DM 48,20

HEFT 926
Prof. Dr.-Ing. Helmut Wolf und Dr.-Ing. Siegfried Heitz, Institut für theoretische Geodäsie der Universität Bonn
Zeitliche Schwerkraft-Änderungen in ihrer Bedeutung für die praktische Gravimetrie
1961, 70 Seiten, 14 Abb., DM 20,20

HEFT 933
Dipl.-Ing. Klaus Stamm, Laboratorium für Ultraschall an der Technischen Hochschule Aachen
Die Vernebelung schmelzbarer Festkörper mit Ultraschall
1960, 24 Seiten, 21 Abb., DM 9,20

HEFT 944
Dipl.-Phys. Günter Waidmann, Gesellschaft zur Förderung der Glimmentladungsforschung e. V., Köln
Nitrierung dünner Stahlschichten mit Hilfe einer Glimmentladung
1961, 50 Seiten, 31 Abb., 2 Tabellen, DM 16,30

HEFT 975
Prof. Dr. A. Narath, Institut für angewandte Photochemie und Filmtechnik der Technischen Universität Berlin
Über die Herstellung von Kernspuremulsionen
1961, 36 Seiten, 10 Abb., 1 Tabelle, DM 11,50

HEFT 976
Dipl.-Phys. Horst Küppers, Institut für Theoretische Physik der Universität Köln
Die Untersuchung der Ausbreitung von Stoßwellen in Platten auf schlierenoptischem und spannungsoptischem Wege
1961, 62 Seiten, 77 Abb., 5 Tabellen, DM 44,60

HEFT 983
Prof. Dr.-Ing. Paul Hadlatsch, Aerodynamisches Institut, Aachen
Berechnung der Druckwellen in Brennstoffeinspritzsystemen und in hydraulischen Ventilsteuerungen
1961, 108 Seiten, 31 Abb., DM 33,90

HEFT 985
Dr. Hans Strack, Gesellschaft zur Förderung der Glimmentladungsforschung e. V., Köln
Temperaturmessung in Glimmentladungen
1962, 44 Seiten, 18 Abb., DM 14,30

HEFT 986
Dr.-Ing. Jameel Ahmad Khan, Aerodynamisches Institut der Technischen Hochschule Aachen
Untersuchungen zur instationären Strömung durch unstetige Querschnittsänderungen in Druckleitungen von Einspritzsystemen
1961, 76 Seiten, 47 Abb., 1 Tabelle, DM 28,60

HEFT 987
Dr.-Ing. Wilhelm Bosch, Aerodynamisches Institut der Technischen Hochschule Aachen
Untersuchungen zur instationären reibenden Strömung in Druckleitungen von Einspritzsystemen
1961, 56 Seiten, 37 Abb., DM 20,—

HEFT 988
Dr.-Ing. Werner Wilhelm und Dipl.-Ing. Rudolf Jürgler, Aerodynamisches Institut der Technischen Hochschule Aachen
Nichtstationäre, eindimensionale und reibungsfreie Gasströmung schwach kompressibler Medien in Rohren mit einigen unstetigen Querschnittsänderungen
1961, 70 Seiten, 17 Abb., DM 21,50

HEFT 989
Dr.-Ing. Werner Wilhelm, Aerodynamisches Institut der Technischen Hochschule Aachen
Einfluß der Spülkanalabmessungen auf den Ladungswechsel kurbelkastengespülter Zweitakt-Motoren
1961, 99 Seiten, 37 Abb., 16 Tabellen, DM 35,30

HEFT 990
Dr.-Ing. Frieder Voigt, Aerodynamisches Institut der Technischen Hochschule Aachen
Vorgänge beim Start einer Überschallströmung
1961, 36 Seiten, 32 Seiten Bildanhang, DM 23,20

HEFT 991
Dipl.-Ing. Werner Preukschat, Aerodynamisches Institut der Technischen Hochschule Aachen
Beschreibung eines Druckmeßgerätes, das zur Messung geringer Druckschwankungen bei hohen Frequenzen geeignet ist
1961, 22 Seiten, 14 Abb., 2 Tabellen, DM 8,80

HEFT 1001
Dipl.-Phys. Dr. rer. nat. G. Langner, Institut für Elektronenmikroskopie an der Medizinischen Akademie Düsseldorf
Die Informationsübertragung bei der Mikroskopie mit Röntgenstrahlen
1961, 126 Seiten, 7 Abb., DM 37,—

HEFT 1013
Prof. Dr. phil. H. Lange und Dr. rer. nat. K. H. Schmidt, Köln
Theoretische und experimentelle Untersuchung der Strahlengeometrie bei Texturgonoimetern
1961, 120 Seiten, 52 Abb., DM 38,30

HEFT 1014
Prof. Dr. phil. H. Lange und Dr.-Ing. E. Müller, Institut für Theoretische Physik der Universität Köln
Verfahren zur Bestimmung der Gleich- und Wechselfeldmagnetisierung kleiner Proben. Untersuchungen im System der Nickel-Zink-Ferrite
1961, 90 Seiten, 20 Abb., 34 Tabellen, DM 37,20

HEFT 1034
Dipl.-Phys. Bernd Klüser, Institut für Theoretische Physik der Universität Bonn
Aufteilung der Entladungsenergie auf die Elektronen einer Glimmentladung
1961, 33 Seiten, 21 Abb., DM 12,60

HEFT 1038
Dipl.-Phys. H. Wichmann und Prof. Dr. phil. W. Weizel, Gesellschaft zur Förderung der Glimmentladungsforschung e. V., Institut Köln
Der Einfluß einer Glimmentladung auf die Permeation von Gasen durch Metalle
1961, 58 Seiten, 28 Abb., 11 Skizzen, 2 Tabellen, DM 22,80

HEFT 1062
Dr.-Ing. H. Pfeiffer, Aerodynamisches Institut der Technischen Hochschule Aachen
Strömungsuntersuchungen an Kreiszylindern bei hohen Geschwindigkeiten
1962, 74 Seiten, 53 Abb., DM 26,—

HEFT 1074
Prof. Dr. rer. techn. Fritz Reutter und Dr. rer. nat. Gerhard Patzelt, Institut für Geometrie und Praktische Mathematik der Rhein.-Westf. Technischen Hochschule Aachen
Mathematische Behandlung einer angenäherten quasilinearen Potentialgleichung der ebenen kompressiblen Strömung
1962, 87 Seiten, 15 Abb., 10 Tabellen, DM 53,—

HEFT 1080
Prof. Dr.-Ing. Ludolf Engel, Institut für Maschinenwesen und Elektrotechnik der Bergakademie Clausthal, Clausthal-Zellerfeld
Theorie der handgeführten schlagenden Druckluftwerkzeuge und experimentelle Untersuchungen insbesondere an Abbauhämmern im normalen und abnormalen Betrieb
1962, 86 Seiten, 53 Abb., 4 Tabellen, DM 39,—

HEFT 1098
Dr. Gerhard Albrecht und Prof. Dr. Günter Ecker, Institut für Theoretische Physik der Universität Bonn
Die positive Säule unter dem Einfluß negativer Ionen
1962, 21 Seiten, 5 Abb., DM 11,80

HEFT 1104
Dr. rer. nat. Rudolf Kohlhaas und Dipl.-Physiker Martin Braun, Institut für Theoretische Physik der Universität Köln Abteilung für Metallphysik, Köln
Die grundlegenden kalorimetrischen Auswertemethoden. Herleitung der thermodynamischen Funktionen des reinen Eisens auf Gund von Messungen an einem Eisen-Mangan-System nach dem Verfahren der verzögerten Mischkalorimetrie
1962, 110 Seiten, 29 Abb., zahlr. Tabellen, DM 59,—

HEFT 1105
Prof. Dr. phil. Heinrich Lange und Dr. rer. nat. Franz Josef In der Smitten, Institut für Theoretische Physik der Universität Köln, Abteilung für Metallphysik, Köln
Untersuchungen über das magnetische Verhalten dünner Schichten von $-Fe_2O_3$ bei kurzzeitiger Feldeinwirkung
1962, 68 Seiten, 29 Abb., DM 30,20

HEFT 1107
Paul Thomas, Institut für Theoretische Physik der Universität Bonn
Leuchtende Schichten im Faradayschen Dunkelraum der Glimmentladung in Brom-Argon-Gemischen
1962, 34 Seiten, 12 Abb., 8 Tabellen, DM 14,80

HEFT 1124
Prof. Dr. G. Ecker und cand. phys. W. Kröll, Dipl.-Phys. O. Zöller, Institut für Theoretische Physik der Universität Bonn
Fehlerabschätzung für Messungen mit magnetischen Sonden
1962, 24 Seiten, 8 Abb., 31 Tabellen, DM 12,—

HEFT 1144
Prof. Dr. phil. H. Bittel u. Dr. rer. nat. K. A. Hempel, Institut für angewandte Physik der Universität Münster
Untersuchungen zur ferrimagnetischen Resonanz an Ferriten bei 10 und 24 GHz
1963, 27 Seiten, 8 Abb., 3 Tabellen, DM 12,20

HEFT 1163
Prof. Dr. phil. H. Bittel, Institut für angewandte Physik der Universität Münster
Untersuchungen über das Rauschen strombelasteter Leiter

HEFT 1168
Prof. Max Friedrich, Forschungsstelle für Brandschutztechnik an der Technischen Hochschule Karlsruhe
Untersuchungen über das Verhalten und die Wirkungsweise verschiedener Trockenlöschmittel
In Vorbereitung

HEFT 1175
Dipl.-Ing. Klaus-Dieter Becker, Dr. rer. nat. Erhard Meister, Universität Saarbrücken
Beitrag zur Theorie des Strahlungsfeldes dielektrischer Antennen
In Vorbereitung

HEFT 1176
Dipl.-Phys. Alexander Wasiljeff, Universität Saarbrücken
Breitbandimpedanzstudien an Ringschlitzantennen im cm-Wellenbereich
In Vorbereitung

HEFT 1183
Prof. Dr.-Ing. Eduard Pestel, Institut für Mechanik der Technischen Hochschule Hannover, im Auftrage des Vereins Deutscher Ingenieure – Kommission Reinhaltung der Luft –
Strömungstechnische Untersuchungen von Staubniederschlagmeßgeräten
In Vorbereitung

HEFT 1220
Dipl.-Phys. Walter Hermsen und Dr. phil. Friedrich Kuhn, Staatliches Materialprüfungsamt Nordrhein-Westfalen in Dortmund, Leiter: Prof. Dr.-Ing. habil. Wilhelm Bischof
Untersuchungen über die Verhinderung von Randüberstrahlungen in Röntgenbildern durch Vorfilterung der Röntgenstrahlen
In Vorbereitung

HEFT 1221
Prof. Dr. G. Ecker und cand. phys. W. Kröll, Institut für theoretische Physik der Universität Bonn
Erniedrigung der Ionisierungsenergie in einem Plasma
1963, 29 Seiten, 2 Abb., DM 10,—

HEFT 1270
Dr. G. Eckert-Reese, Forschungsinstitut der Gesellschaft zur Förderung der Glimmentladungsforschung e.V., Köln
Der Druckverbreiterungseffekt als Mittel zur Nachweisverbesserung bei der IR-spektrographischen Untersuchung von Gasen
In Vorbereitung

HEFT 1271
Dipl.-Ing. A. Steinegger, Forschungsinstitut der Gesellschaft zur Förderung der Glimmentladungsforschung e.V., Köln
Die systematische Erfassung von Versuchsergebnissen und Literaturstellen bei der Behandlung von Metalloberflächen
In Vorbereitung

Ein Gesamtverzeichnis der Forschungsberichte, die folgende Gebiete umfassen, kann bei Bedarf vom Verlag angefordert werden:

Acetylen/Schweißtechnik – Arbeitswissenschaft – Bau/Steine/Erden – Bauwirtschaft – Bergbau – Biologie – Chemie - Eisenverarbeitende Industrie – Elektrotechnik/Optik – Energiewirtschaft – Fahrzeugbau/Gasmotoren - Farbe/Papier/Photographie – Fertigung – Funktechnik/Astronomie – Gaswirtschaft – Holzbearbeitung - Hüttenwesen/Werkstoffkunde – Kunststoffe – Luftfahrt/Flugwissenschaften – Luftreinhaltung – Maschinenbau - Mathematik – Medizin/Pharmakologie/NE-Metalle – Physik – Rationalisierung – Schall/Ultraschall – Schiffahrt – Textiltechnik/Faserforschung/Wäschereiforschung – Turbinen – Verkehr – Wirtschaftswissenschaft.

WESTDEUTSCHER VERLAG · KÖLN UND OPLADEN
567 Opladen/Rhld., Ophovener Straße 1-3